室内设计手绘基础与空间表现

主编　王东营

编委会　王新宝　蔡柯　孙大野　王姜　徐明　杨风雨　丁峰越　姜巍巍

江苏凤凰科学技术出版社

图书在版编目（CIP）数据

室内设计手绘基础与空间表现 / 王东营主编. --
南京 : 江苏凤凰科学技术出版社, 2016.1
  ISBN 978-7-5537-5839-8

  Ⅰ.①室… Ⅱ.①王… Ⅲ.①室内装饰设计—建筑
构图—绘画技法 Ⅳ.①TU204

  中国版本图书馆CIP数据核字(2016)第000045号

室内设计手绘基础与空间表现

主　　　编	王东营	
项 目 策 划	凤凰空间/刘立颖	
责 任 编 辑	刘屹立	
特 约 编 辑	林　溪	

出 版 发 行	凤凰出版传媒股份有限公司
	江苏凤凰科学技术出版社
出版社地址	南京市湖南路1号A楼，邮编：210009
出版社网址	http://www.pspress.cn
总 经 销	天津凤凰空间文化传媒有限公司
总经销网址	http://www.ifengspace.cn
经 销	全国新华书店
印 刷	北京博海升彩色印刷有限公司

开　　　本	787 mm×1 092 mm　1／12
印　　　张	9
字　　　数	54 000
版　　　次	2016年1月第1版
印　　　次	2023年3月第2次印刷

标 准 书 号	ISBN 978-7-5537-5839-8
定　　　价	49.00元

图书如有印装质量问题，可随时向销售部调换（电话：022-87893668）。

序

在建筑设计、景观设计、室内设计的教学中，手绘表现技法一直是一门重要的基础课。手绘不仅是表达设计构思的便捷手段，还是设计的胚胎和创作灵感的源泉，并且具有培养设计师创新能力、提高审美水平与训练形象思维的作用。高水平的手绘表现图不仅是设计的重要组成部分，还是能够带给人审美愉悦的艺术作品。

随着科技的发展与进步，电脑成为不可或缺的设计工具。然而，无论电脑如何智能，其都无法代替纸与笔这种"随心所欲"的表达；手绘具有电脑所无法比拟的"随意性"，它可以把设计创意表现得更细腻、生动，是设计师艺术个性感性化的直接表现。

手绘表现以灵动的魅力和强烈的艺术感染力向人们传达设计的思想、理念和情感，是设计师艺术素养和表现技巧的综合体现。手绘的最终目的是通过熟练的表现、个性化的专业绘画技巧来表达设计师的创作思想和设计内容。

本书是作者的精心之作。从透视基础的讲解到用线稿勾勒空间的演示、从马克笔的介绍到不同空间上色技巧的展示，每个章节都有其独到之处，每张图都是对手绘表现技法的具体分析，可帮助读者更全面、透彻地理解设计的构思以及重点、难点，对设计师、手绘爱好者以及相关专业的师生迅速地提高手绘能力具有立竿见影的效果。本书颇具特色地编排了一些代表性作品，读者可通过扫描二维码直接观看手绘作品的作画过程，这样，如何将一张白纸变成精美的手绘表现图的全过程便清晰、直观地展现在读者面前，使读者对手绘设计有一个感性化的认识，这无疑是利用现代视频技术将传统图书中的静态内容予以动态演示的创新之举。

本书的作者王东营是毕业于天津美术学院环境设计专业的优秀设计师。在学期间，他在刻苦学习专业设计理论的同时潜心研习手绘设计，毕业后在从事专业设计之余还专注于专业手绘研究与教学，专业成果颇丰。作为王东营的导师，我为他所取得的优异成绩而甚感欣慰和骄傲，期待他在未来的专业发展上走出自己的特色之路。

是为序。

彭军　教授

天津美术学院环境与建筑艺术学院 院长

2015 年 11 月

前言

设计师的"两条腿"——电脑制图和手绘，可能在不远的将来就会被新的工具所取代。人只需要在脑海中构想一下，屏幕上便可出现其所想的空间。那时，电脑制图可能会被淘汰，但手绘依然可以作为陶冶情操的选择。

设计的好坏在一定程度上与工具没有直接的关系。设计是从想象开始的，不能单凭嘴去说，它需要呈现出来，让人去看、去了解、去认识。

在设计前期，电脑相对于手绘来说是很少用的，手与脑的衔接来得更直接、更迅速，也更有艺术性、感染性；到后期细化深入或做漫游动画时，电脑就该派上用场了。

手绘作为表达设计的一种方式，并不会限定于某一种风格；它将设计师脑海中想象的设计落实到纸面上，以便让人更直观地欣赏，更透彻地了解设计师的构思。手绘表达的关键是正确并清晰地表现透视、比例与空间。

设计师设计能力的高超与薄弱不能用手绘和电脑制图来衡量，但如果一位优秀的设计师可以画出漂亮的手绘，那无疑是如虎添翼。出色的手绘能力是优秀设计师的素养；可以设想一下，如果有很好的设计，但却无法快速表达，那也是无用的。因此，希望每一位学子能够尽早地接触手绘、学习手绘并持之以恒！手绘是优秀设计师所拥有的一项必备技能！

在本书即将出版之际，借此机会感谢家人多年来对我的养育之恩；感谢母校天津美术学院对我的培养；感谢天津美术学院环境与建筑艺术学院院长彭军教授及系主任龚立君教授、天津城建大学艺术学院副院长王新宝教授及环境艺术系系主任孙洪副教授、清华大学美术学院建筑环境艺术设计研究所所长陆志成教授的支持与信任；感谢给予我热心帮助的朋友孙大野、王姜、徐明、杨风雨、丁锋越、王伟；感谢胡君老师、蔡柯老师、马秉岳老师以及刘立颖编辑的建议与支持。本书旨在引导设计师、大学生、手绘爱好者等相关人员，认识手绘的重要性，在有限的时间里扎实地掌握手绘这项专业技能。书中的每张图都是我精心挑选并用心编排的。书中难免有不足之处，敬请广大读者批评、指正。我会一直努力，谢谢大家的支持！

目录

室内设计手绘基础与空间表现

第一章　坚固的地基

以"玩"的心态画线条

线条是手绘的根；美丽、动人的线条无疑是画面中动人的旋律，是每个初学者必须要练习的；它的虚实、轻重、快慢、曲直会产生不同的效果。手绘者可根据所表现的空间灵活运用。

画出美丽、动人的线条并非易事，需要长时间的训练和积累。手绘者要不断地去体会、去调整，大概了解线条的一些规律后，用一种玩的心态去画，不要刻意地追求所谓的"直"，手绘线条没有绝对的"直"，只是感觉比较"直"。

衡量线条的好与坏有三个标准：一是快；二是狠；三是准。前两个比较容易做到，最后一个实现起来比较难。有些初学者总以为直线一定是尺规作图的那种直线，这是一种错误的认识。手绘的直线应是大体上看上去是"直"的，或者给人的感觉是"直"的，一味地追求像尺规作图那样"笔直"是徒手很难做到的。当然，用尺子画线条同样也很难形成灵活、生动的效果。

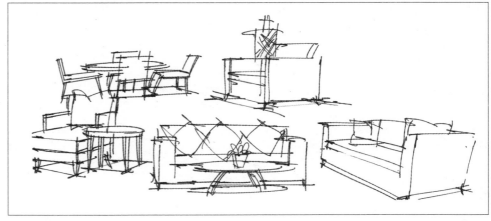

线条的特点

画线的基本方法：大臂带动小臂，手腕不动，适当地用手去压，运笔要快，根据所表现的物体材质的种类及硬度区分线条的虚与实，通过虚实变化达到理想的效果。

这种线条虽然不够笔直，但富有活力且生动活泼。

线条在空间中的运用

手绘是为了表达设计构思。无论是尺规作图还是徒手表现，都要清晰地交代空间结构；不必过于纠结是否徒手，因为不是用了尺子就一定可以把空间、比例、透视画得准确、到位。在勾画空间时，为了更好地表达空间感，可适当地设置一些明暗对比或在物体的底面加些投影。如果空间中物体本身的材质是深色的，那么可以通过黑白对比来增强空间感。

一部分用尺子画，另一部分再徒手补充。这种方式为严谨的画面注入了不少活力与灵动感，也不会显得呆板。

在表现布艺材质时,线条要柔软一些,但画的速度要快,不要每根线都从头画到尾,要有长有短、有实有虚。

绘制空间时会经常遇到曲线的物体，这是比较难画的。个人建议不要用弧形尺，尽量一笔画到位。如果弧度比较长，可以分段画，然后一段一段连起来。平时要多练习画弧线。

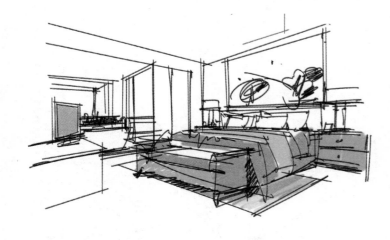

室内设计手绘基础与空间表现

第二章 "另眼"透视

透视

在生活中，我们看到的物体与纸面上所表现的物体之间是有差别的，这就是透视产生的原因。严格、正规的透视学比较复杂，很多学校开设了这门课程。我们可以采用既实用又快捷的方式学习、理解透视，不需要钻牛角尖。

为了更直观地表现透视效果，最好把二维平面图转为三维空间效果图，手绘透视效果图是设计人员必须掌握的基本功。在与客户面对面交流、洽谈时，设计人员应快速地向客户表达设计意图，以便让客户直观地了解设计，双方建立信任。单纯的立面图、平面图很难让客户直观地了解设计，而手绘透视效果图是最佳方式。

我们不需要专门研究透视，只需了解和掌握基本的透视法，做到心中有透视、有消失点、有视平线即可。传统的透视教学方法需要有所改变，耗时、费力的尺规作图已经过时。手绘透视效果图，只需稍加训练即可。

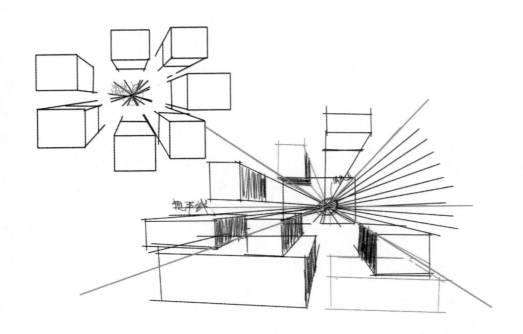

一点透视

简单地说，一点透视，即空间中物体的横线都是水平的，竖线都是垂直的，只有斜线是朝一个点消失。一点透视在空间表现中用得比较多，例如会议室、礼堂、纪念广场等比较庄重的空间。

卧室一点透视效果图

线稿画完后用电脑上色，在平时练习中也可尝试用这种方法，多感受不同的方式也是一种积累。电脑上色比较方便修改，颜色也可自由组合、配搭，不用担心不小心用错颜色而再重新画一遍的问题了。如果追求更自然、真实的表现效果，那么还是徒手去画。

客房一点透视效果图

用水性笔适当地勾勒空间的明暗关系，这种线稿不需上色，可作为纯粹的黑白线稿，也可用单色马克笔来表现空间的明暗关系。

客厅一点透视效果图

整幅图中，如果长线和短线都规规矩矩、横平竖直，那么画面就会显得呆板。
有些地方要轻松、随意，例如，做一些乱线的处理，某个地方用黑色去压，
这样画面才会有美感。

办公室一点透视效果图

清楚地交代餐厅中大的空间结构框架和操作台的细节以及刻画人物是非常必要的。在空间中，人物的出现能够清楚地指明空间尺度，同时也有助于空间氛围的营造。

餐厅一点透视效果图

两点透视

两点透视又称"成角透视"，即水平线上有两个点，两组斜线消失在水平线的两个消
失点上，所有的竖线垂直于画面。两点透视在空间表现中用得比较多，它活泼、自由，
可比较全面地表现空间中的物体。

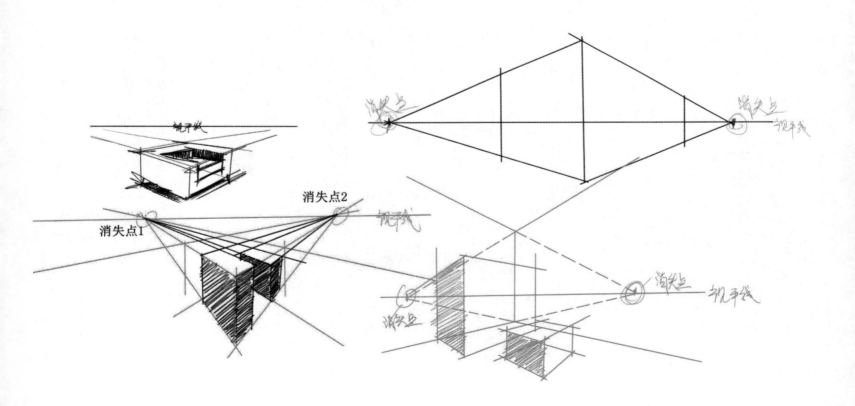

用干净、利索的线条交代清楚这个小的空间组合，不必细致地刻画。把握好空间、比例、透视，适当地画几笔颜色并做一下基本的区分即可。

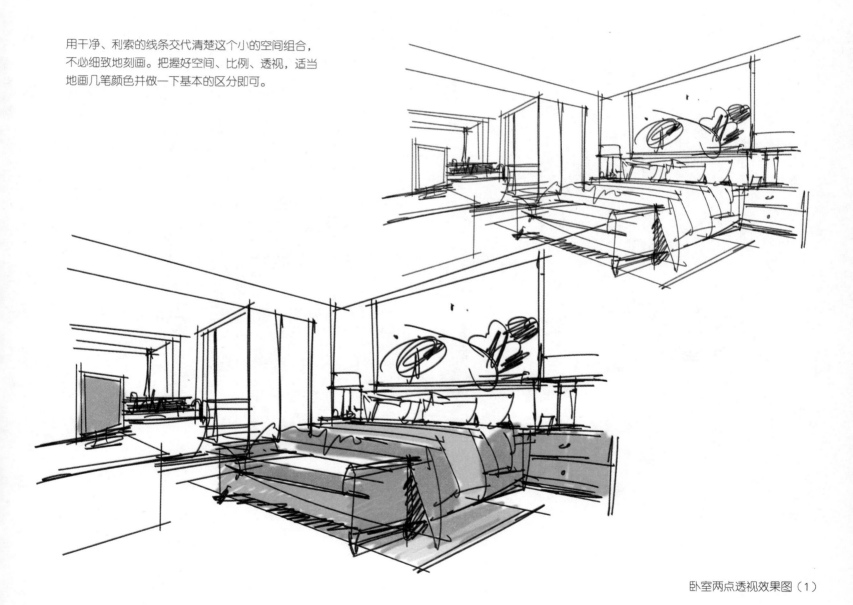

卧室两点透视效果图（1）

卧室两点透视效果图（2）

会客厅两点透视效果图

这两幅图是学生作品，整体比较拘谨、呆板，不够利索，
但空间、比例、透视表现得很不错。人物的勾画是比较难的，
但其对空间效果的呈现至关重要，不仅可以为空间增加人
气，还可以丰富画面元素。在画人物时要把握好形体。

酒店大堂两点透视效果图

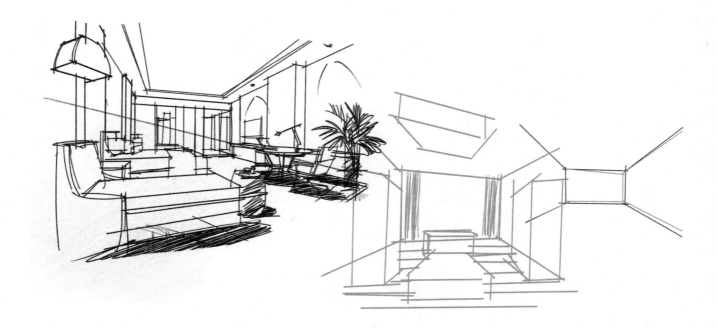

一点斜透视

一点斜透视也有两个消失点，一个在纸上，另一个在纸外。一点斜透视是在一点透视和两点透视的基础上产生的，它比一点透视活泼、生动。一点斜透视能够完整地表现空间效果，使画面既清晰、全面又不失活泼。

会所一点斜透视效果图

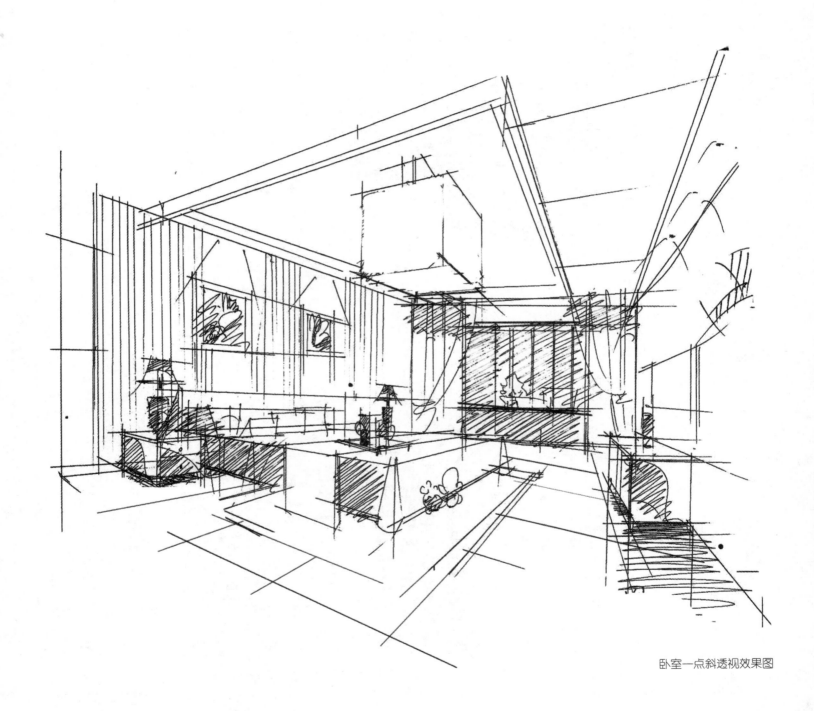

卧室一点斜透视效果图

物体在空间中的投影以及暗部都不可能是黑色，因此在画面表现中用黑色压暗部或投影是不正确的。

客厅一点斜透视效果图（1）

客厅一点斜透视效果图（2）

中式餐厅一点斜透视效果图

室内设计手绘基础与空间表现

第三章　众多类型的空间色稿及马克笔

工具介绍

目前，市面上马克笔的品牌特别多，比如 AD、TOUCH、三福、斯塔、法卡勒等。
每个品牌都有一两百种，不需要全部买，挑一些不同色系的常用色、冷暖色搭配即可。
马克笔的种类不外乎酒精、水性、油性三大类。无论哪一类，马克笔都是易挥发的，
用完一定要扣上笔帽。相对来说，油性马克笔在纸上的颜色比较稳定且不易变色；酒
精或水性马克笔，颜色干后会变浅，多次叠加会变浊。

AD 马克笔

TOUCH马克笔

三福马克笔

针管笔和彩铅

针管笔、签字笔是手绘表现中主要的绘图工具。根据需要，可以选择粗细不同的针管笔更易于表现空间的虚实关系，使画面层次丰富多变。初学者建议选用最常见的签字笔，笔头最好有弹性，这样画出的线条富有变化。

彩铅在手绘表现中也是很好的绘图工具，它比马克笔方便掌握，画错了可以用橡皮擦除，也可以弥补马克笔的不足，增加画面层次，在后期整体涂抹中起到统一画面的作用。

马克笔

马克笔是手绘表现中运用最多的上色工具，它的表现方式与水彩是一样的，都是由浅到深，颜色可叠加。马克笔由于方便携带、颜色种类丰富，因此受到广大专业人士及学生的青睐。

马克笔一般有两头，一头宽一头细。宽笔头的倾斜程度决定了线条的粗细变化。细头一般用于局部补充，用得比较少。

在手绘表现中，根据空间物体的不同，不同的运笔方式会呈现不同的效果，例如：

排笔：一笔笔的排列，以营造笔触感。

润笔平铺：笔触重复叠加，以加强局部效果、统一画面。

飞笔：笔触有些奔放，以调节画面的活跃度，但一定要收得住，对画面有控制力。

上色时要把握好先后顺序，先上纯度、明度比较高的颜色，再慢慢加深、叠加其他重色，但始终要注意整体效果。

马克笔的轻重与快慢

手绘效果图有它独特的表现魅力，关键在于线条的流畅与否、马克笔的轻重与快慢，这些都会影响整个画面。马克笔的轻重都有它的定数，该重的地方一定要重，这样轻的地方才会显得轻，才能形成明显的对比。马克笔用笔速度的快慢也会产生不同的效果。同一支笔重复叠加会使颜色加深，再继续叠加则没什么变化，最深也就到它的极限，再想要加深就只能换笔了。

即使物体本身是同一种颜色，在手绘效果图上色时也无需全部涂满，适当地留白即可。

在手绘表现中，墙面、地面本来就没有那么多的颜色变化，因此不需要多种颜色来丰富画面，尊重其客观性反而能够达到最佳效果。

着色

有了前面的铺垫，开始慢慢地尝试上色，手绘效果图上色不像画油画、水粉画那么艺术化，无需过多地考虑环境色、反光色等，把握好固有色即可。

单纯地使用马克笔很难达到预期效果，结合彩铅、高光笔等工具可更快速地达到预期效果，画面也更富有层次感。

单体或小组合的上色对后期整幅效果图的呈现至关重要。用彩铅对所刻画的
物体进行上色，可增加物体的丰富性，使画面不再单调。

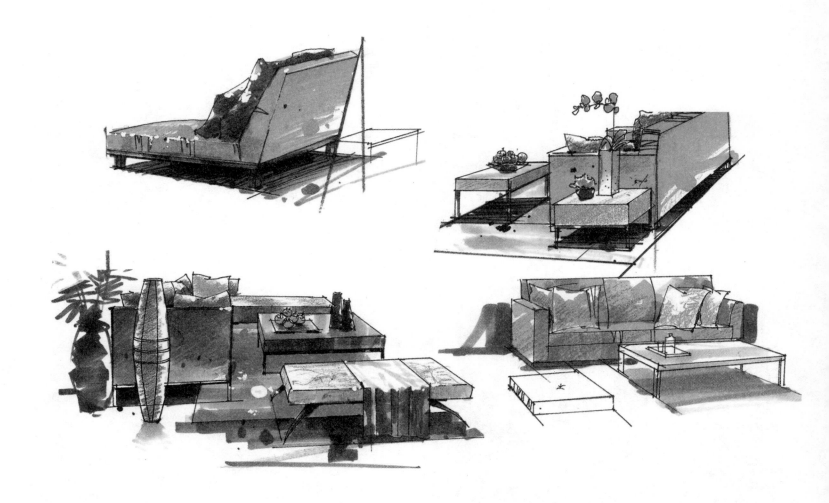

马克笔横向运笔后可适当地竖向用笔，这样，即使简单的体块经过马克笔笔触的叠加也会变得丰富，最后再用彩铅适当地补充即可。

用马克笔运笔时要根据物体的形体走势，准确地把握空间构成，这样可增强物体的体

积感；在空间（例如墙面、地面等大面积的区域）中顺着"面"的走势运笔，会达到

意想不到的效果。

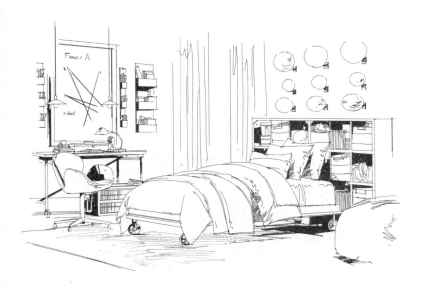

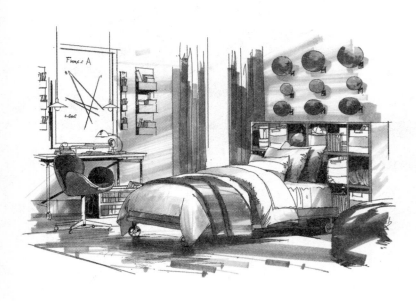
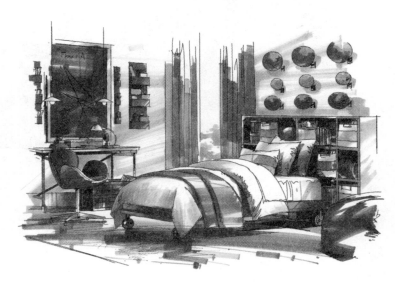

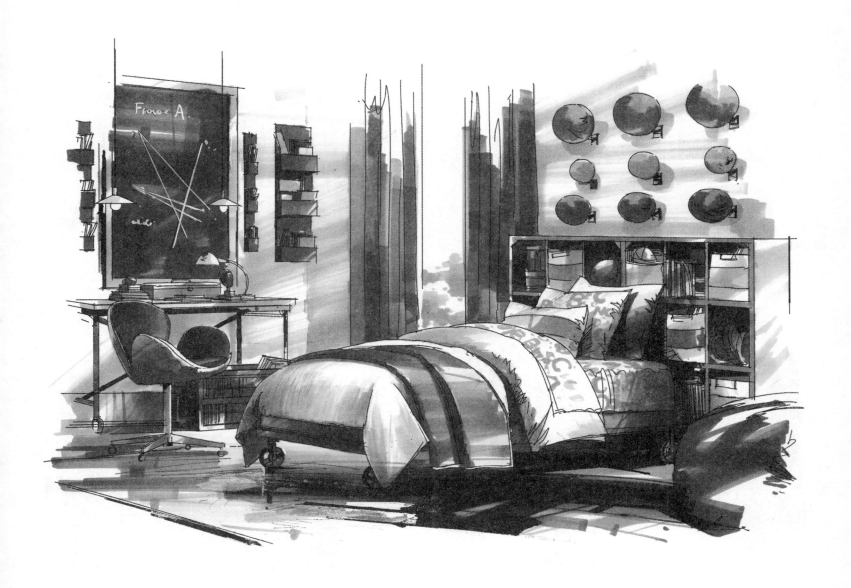

空间表现

空间感在手绘表现中颇为关键。它是一种实际感受，良好的空间感是设计师的专业素养。空间中物体的大小、比例、虚实都会影响画面的效果，根据所表现的空间的不同属性，选择不同的透视，一点、两点、一点斜，等等，同时还要充分考虑物体角度的偏移和视线的高低。

上色时，该重的一定要重，这样亮面才会比较明快，以便形成对比鲜明的配色；尽量做到客观地反映物体。

该图的重点和亮点就是光源，利用光的照射，清楚地交代物体的受光和背光；大胆的留白，使画面光感十足。平时练习画效果图时也可使用该方法，自己制造一个光源。

效果图的角度选择是很重要的。该图的两点透视构图，角度比较宏大，画面比较有张力。

整幅图运用四到五种颜色，墙面、吊顶、地面采用同色系进行渲染，只是在深浅上有些变化，马克笔的特性就在于此，用笔的力度以及重复次数也会改变其颜色，再加上空间中局部细节的巧妙点缀，整幅图既统一又不失精致。

墙面、房顶、床采用亮色，地板、壁橱采用深木色，一明一暗的颜色对比，
使画面显得非常明亮；窗外几笔淡淡的颜色起到画龙点睛的作用。

画面中，颜色不是很多，整体采用红色系，局部用冷色系加以调和。充分、恰当的留白形成了明快的画面对比。

这个空间乍一看会觉得很复杂，在画线稿时要费些功夫，要把握好物体的前后关系、比例大小。颜色概括成三部分。上：灰色与深灰的交叉。中：黄色的叠加。下：灰色的渐变处理。

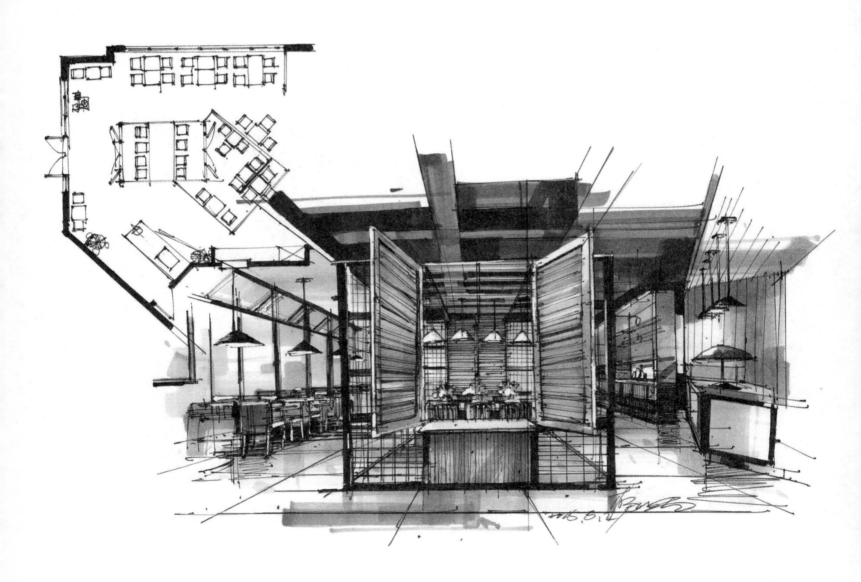

这是一个酒店的用餐大厅，桌椅、板凳比较多，乍一看可能会觉得比较复杂，但原理很简单——在大的框架透视里寻找小的透视关系，一桌为一个单位。

吊顶、地面以及左侧墙面第一遍用同一种颜色先大体涂一遍，但不要完全平
涂，这样既保证了统一性也为后面的处理留出了余地，适当地涂出明暗变化，
接着补第二遍深色，自然地呈现深浅层次。

该图中，马克笔与彩铅相互搭配，单独使用马克笔则很难达到预期效果。红色马克笔的颜色快用完时，这种笔也叫"楛笔"，它会产生"沙沙"的感觉，由深入浅，变化比较缓和。

汽车、手机、高档服装等店面展示空间的配色比较稳重，以灰色、黑色为主；
如果用太明艳的颜色，会显得有些低俗。

画面的整体感是第一位的，吊顶和地毯的处理要把握好虚实变化；所谓"细致刻画"，并非把所有的物体都涂满颜色，而是始终以画面的整体感为主。

马克笔与彩铅相结合，在一些变化微妙的地方要注意客观性；这种效果图类似于长期作业，着重处理其明暗变化关系以及材质的客观性。平时画一些比较写实的图，对提高手绘能力大有帮助。

床头靠背板和地板采用相同的颜色，这样便确定了画面三分之二的色调，即主色调，然后再搭配其余部分的颜色。给床上色时，彩铅与马克笔并用，将其中的微妙变化表现得淋漓尽致。任何画面中都要有着重点、出彩点，精致且耐看。

这种特殊的公共空间，线稿中要交代清楚空间结构，上色时按照结构进行渲
染，把握好前后、虚实关系，例如，吊顶是有钢筋龙骨的，而并非平直的。
战斗机模型是空间的亮点，对它的刻画为整幅效果图平添了美感。

用彩铅进行细致的刻画，目的是淋漓尽致地表现物体的微妙变化，类似于超写实画法；这种画法比较耗费时间，但对提高手绘能力大有帮助。

黑色与灰色的对比，使画面的空间感和明暗度达到了极好的效果。黑色不是
纯黑，要有明暗变化；如果是纯黑，那么画面会显得沉闷。该提亮的地方要
提亮，做一下处理即可。

空间不同，颜色自然不同。展示空间的配色以淡蓝、灰、黑、白色为主，提亮空间的同时也会让人觉得比较有现代感。

汽车展示空间的配色一般比较淡雅，明艳的颜色相对较少，仅用于某些Logo 墙和需要着重展示的区域。当然，对汽车的刻画处理一定要干净利索、豪放大气。

运用同色系处理画面，可确保颜色不会把空间搅乱，空间是统一、完整的。

线稿完成后，在脑海中要思考一下怎样配搭颜色，这一步会难倒很多同学，总觉得自己不会配搭颜色。其实很简单，将复杂的问题简单化，挑选几个区域，例如，后墙除了灯带的照射范围，没有其余的细节；房顶本身就是大面积的灯带光源，用黄色彩铅或淡淡的黄色马克笔稍稍上色即可。

彩铅是个很好的绘画工具，若与马克笔巧妙结合，会使效果图近乎完美。先用彩铅涂绘，再用马克笔润色，彩铅会柔和地融入画面。先用马克笔绘制，再用彩铅加工，颜色会更有层次感、厚重感，画面也会比较丰富。

恰当地处理画面的光影关系是特别取巧的方式，统一光源后，物体的受光、背光会比较明显，既强化了明暗对比，又增加了空间感、层次感。

该图的尺寸比较宽，截取部分的细节刻画比较细腻。异形展示区的处理是该
图的亮点，例如其内在结构转折以及明暗关系。彩铅与马克笔的交替叠加大
大丰富了空间层次；人物的处理相对简单，适当地找出一些明暗对比，切记
不要平涂；用同一支笔大面积地涂抹地面时要把握好明暗变化，要有深有浅，
而不要平涂。

用三到四种颜色将整个空间交代清楚。设计没有唯一解，同样，空间的用色也没有完全的限制，尽量尊重设计的客观性。除了一些特殊空间、特殊要求外，墙面、地面、吊顶的配色是比较单一的，无需过分丰富。

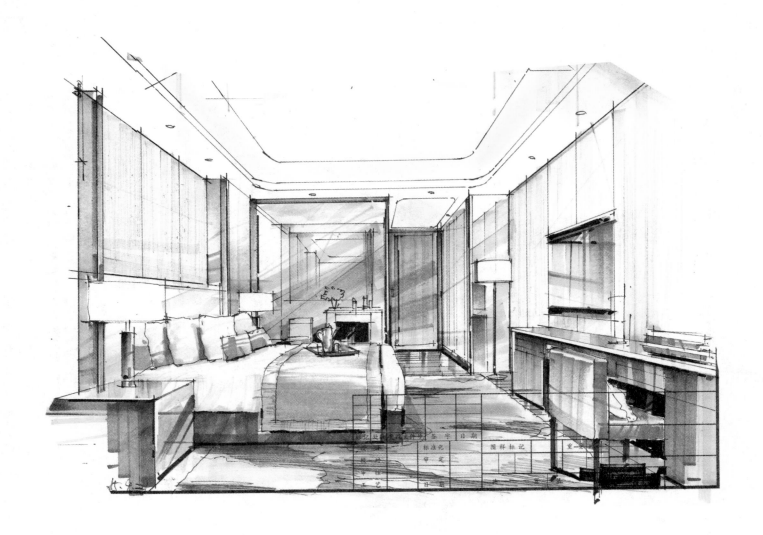

这两幅图属于一个方案中的两个空间——卧室和客厅。空间设计和材料运用同属一个风格，颜色也是同一个色系，淡黄色、黄色比较温暖、明快，搭配部分物体的留白处理，整个画面具有十足的光感。

笔触的运用对表现空间中物体的材质有很大影响，快速、慢速、润笔、飞笔、摆笔等都会产生不一样的效果，应根据物体的材质，合理地选择笔触。

左右两侧用色比较明亮，那么吊顶、中间或地面三个区域中必然有一个重色部分。在手绘表现中，材质、颜色的选择要充分考虑空间中黑、白、灰色之间的对比。材质、颜色的对比会为空间效果锦上添花。

留白，画面中切记要适当地留白，不要处处涂满。留白是营造画面对比的最佳方式之一，但并非随意为之。留白一般选择前面收边或吊顶的某些位置，以及挂画、柱子，等等。

竖笔触在空间中随处可见，它不仅可以增强空间的层次感，还可以丰富画面的整体效果；竖笔触运用最多的就是物体在地面上的投影以及房顶的一些变化。

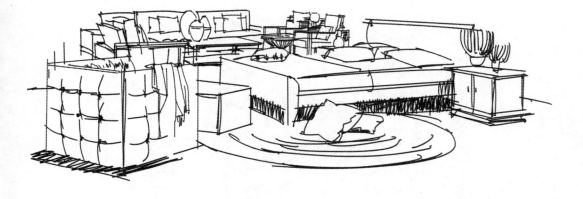

室内设计手绘基础与空间表现

第四章 SKETCH 与局部

SKETCH——设计的胚胎

SKETCH，即手绘草图，是绘画的灵魂，是设计的胚胎。一切设计都是从草图的不断推敲中诞生的，黑白草图拥有最干净的颜色，它用极其简单的两个颜色描绘物体的明暗与角度。在手绘效果图中，黑白草图也是手绘效果图的根基，如果线稿有问题，即使再漂亮的颜色也遮挡不住其中的弊病，也支撑不住空间。因此，加强黑白线稿的训练是很有必要的，好的空间诞生于线稿草图的仔细推敲。

空间线条干净、利索，空间中的物体如床、抱枕、画框等简洁、明了，地毯稍微处理了一下黑、白、灰色之间的对比，整个画面基本完成，无需过多的"细致刻画"。

这张黑白稿其实很简单。在透视、比例正确的前提下，后期简单地处理一下
黑白墨线，投影的竖线只要分出轻重即可。

空间草图

草图线稿大致分为两类，一类是相对细致的线稿，不上色或简单地给点颜色就可清楚地表现空间感、明暗、材质等；另一类是相对概括的线稿，它只给出了空间的框架和物体的轮廓结构，没有细致的刻画，待后期进行上色润染。无论哪一类线稿，比例、透视、空间感都是不能出错的，草图也不例外，否则就是一张废图，毫无利用价值。

适当的留白在画面中是很有必要的，加强了对比关系的画面会显得特别明亮；
留白时需要考虑画面的整体感，不能随意留白，要留在该留的位置。

线稿比较简单、概括；上色时，适当地区分一下物体的
材质，用几个大的色块即可。

可以尝试一下用电脑上色，电脑上色比较适合大面积平涂，但想要画出自然的笔触感是很难的，电脑上色无法达到手绘那种自然清新、挥洒自如的效果。电脑上色时，修改颜色比较方便，不像在纸上作画，错了可能就要重新再来。

线稿比较概括，但空间层次相对丰富，用两个主色稍作铺陈，即可把空间感表达清楚。

这种概括草图非常实用，在构思或设计阶段用得比较多。其关键在于透视、比例不能出错，虽简洁但不简单。为了更好地表达设计内容并表现物体的材质，用几笔颜色适当地带一下，以此区分，更加清晰、明了。

米黄、地砖

效果图

从这两幅小图中可以看出，在空间表达中，墙面、地面、房顶的颜色是单一的，不要认为画面的丰富就是其中每个局部都是缤纷、炫目的，概括、简洁的用色同样可以做到"画面丰富"。

陈设

陈设就是摆设，也叫软装，是相对于硬装而言的。举个最直白的例子，把屋子上、下颠倒，掉下来的就是软装，也就是陈设。不同的空间有不同的陈设，例如，中式餐厅，无论是简约中式、现代中式还是复古中式，都不可能摆放欧式桌椅、板凳；同样，欧式空间也不能被装修成中式风格；会议室、酒店大堂等也如此。根据空间的性质和定位，进行合理的配饰搭配，使陈设融入空间环境。

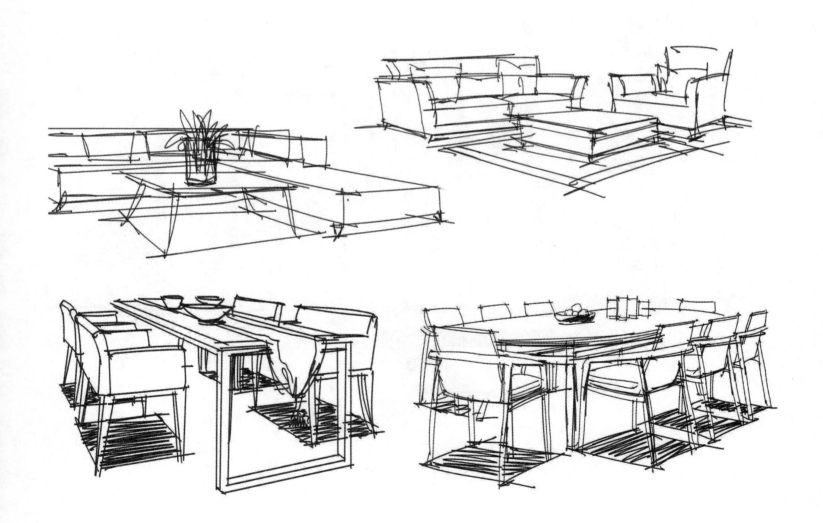

画陈设时也要附带着空间，将陈设与空间相结合，
使其融入空间环境，这样，比例、透视也更加清晰、
明了。

在平时生活中，可多勾勒一些小物件，既可锻炼造型能力，又可养成观察生活、记录生活的习惯，久而久之，手绘的能力也随之提高，提笔时便得心应手了。

一些小空间、小单体，对积累素材大有帮助。小空间、小单体的手绘训练对日后参加工作也颇有益处，其主要训练对物体本身结构的捕捉以及对空间比例、透视的精准把握。

小空间的手绘训练很有意义，既包括单体练习又包括空间
尺度训练，使单体练习不局限于单体，在整体空间中感受
其变化。

手绘工具的选择没有特定的限制，是否使用尺子可根据
自己的需要，尺子与徒手相结合是个很好的选择，既规
矩又不失生动。记住，即使用尺子，也难免会犯透视、
比例不恰当的错误。

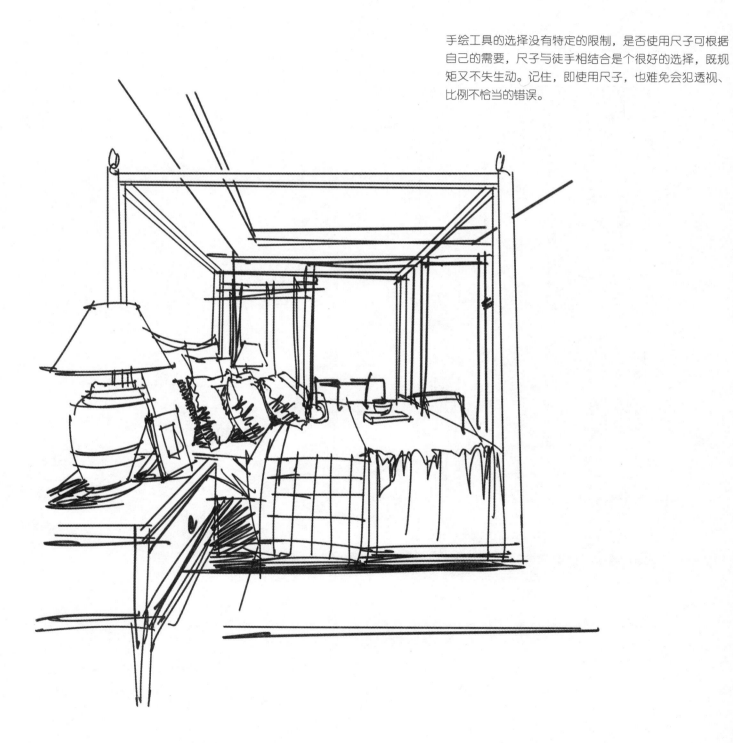

绘制小的组合陈设要做到快、狠、准，用线不要犹豫，想好、看
好后一笔下去，干净、利索，所呈现的画面效果会非常清晰、明快。

画线条时不必太拘谨，大胆、放松地画，关键是把握好空间和物体的比例和透视，可适当地增加一些明暗对比，以渲染画面效果。

小的空间组合，可适当地做一些明暗处理，以增强画面的黑、白、灰层次；
窗帘、抱枕等布质物体用线时尽量柔和一些。

用线要有力度。无论是长线还是短线，在没确定下笔之前，可来回在纸上蹭几遍，找找感觉；一旦决定下笔，就毫不犹豫。窗帘、抱枕的用笔可适当地放松一些，以更好地表现其布艺材质。

无论是整体空间还是小的空间组合，都要以画面的整体感为主，清楚地表现
黑、白、灰色之间的对比，适当地勾勒投影暗面，画面会显得统一、完整。